2013年 癸巳 蛇年 2月10日始

1月
日	一	二	三	四	五	六
		1 廿	2 廿一	3 廿二	4 廿三	5 小寒 十二月
6 廿五	7 廿六	8 廿七	9 廿八	10 廿九	11 三十	12 腊月
13 初二	14 初三	15 初四	16 初五	17 初六	18 初七	19 初八
20 大寒	21 初十	22 十一	23 十二	24 十三	25 十四	26 十五
27 十六	28 十七	29 十八	30 十九	31 二十		

2月
日	一	二	三	四	五	六
					1 廿一	2 廿二
3 廿三	4 立春	5 廿五	6 廿六	7 廿七	8 廿八	9 廿九
10 春节 正月	11 初二	12 初三	13 初四	14 初五	15 初六	16 初七
17 初八	18 初九	19 雨水	20 十一	21 十二	22 十三	23 十四
24 十五	25 十六	26 十七	27 十八	28 十九		

3月
日	一	二	三	四	五	六
					1 二十	2 廿一
3 廿二	4 廿三	5 惊蛰	6 廿五	7 廿六	8 廿七	9 廿八
10 廿九	11 三十	12 二月	13 初二	14 初三	15 初四	16 初五
17 初六	18 初七	19 初八	20 春分	21 初十	22 十一	23 十二
24 十三	25 十四	26 十五	27 十六	28 十七	29 十八	30 十九
31 二十						

4月
日	一	二	三	四	五	六
	1 廿一	2 廿二	3 廿三	4 清明	5 廿五	6 廿六
7 廿七	8 廿八	9 廿九	10 三月	11 初二	12 初三	13 初四
14 初五	15 初六	16 初七	17 初八	18 初九	19 初十	20 谷雨
21 十二	22 十三	23 十四	24 十五	25 十六	26 十七	27 十八
28 十九	29 二十	30 廿一				

5月
日	一	二	三	四	五	六
			1 廿二	2 廿三	3 廿四	4 廿五
5 立夏	6 廿七	7 廿八	8 廿九	9 四月	10 初二	11 初三
12 初四	13 初五	14 初六	15 初七	16 初八	17 初九	18 初十
19 十一	20 小满	21 十三	22 十四	23 十五	24 十六	25 十七
26 十八	27 十九	28 二十	29 廿一	30 廿二	31 廿三	

6月
日	一	二	三	四	五	六
						1 廿三
2 廿四	3 廿五	4 廿六	5 芒种	6 廿八	7 廿九	8 五月
9 初二	10 初三	11 初四	12 初五	13 初六	14 初七	15 初八
16 初九	17 初十	18 十一	19 十二	20 十三	21 夏至	22 十五
23 十六	24 十七	25 十八	26 十九	27 二十	28 廿一	29 廿二
30 廿三						

7月
日	一	二	三	四	五	六
	1 廿四	2 廿五	3 廿六	4 廿七	5 廿八	6 廿九
7 小暑 六月	8 初二	9 初三	10 初四	11 初五	12 初六	13 初七
14 初七	15 初八	16 初九	17 初十	18 十一	19 十二	20 十三
21 十四	22 大暑	23 十六	24 十七	25 十八	26 十九	27 二十
28 廿一	29 廿二	30 廿三	31 廿四			

8月
日	一	二	三	四	五	六
				1 廿五	2 廿六	3 廿七
4 廿八	5 廿九	6 七月	7 立秋	8 初三	9 初四	10 初五
11 初六	12 初七	13 初八	14 初九	15 初十	16 十一	17 十二
18 十三	19 十四	20 十五	21 十六	22 十七	23 处暑	24 十九
25 二十	26 廿一	27 廿二	28 廿三	29 廿四	30 廿五	31 廿六

9月
日	一	二	三	四	五	六
1 廿七	2 廿八	3 廿九	4 三十	5 八月	6 初二	7 白露
8 初四	9 初五	10 初六	11 初七	12 初八	13 初九	14 初十
15 十一	16 十二	17 十三	18 十四	19 中秋	20 十六	21 十七
22 十八	23 秋分	24 二十	25 廿一	26 廿二	27 廿三	28 廿四
29 廿五	30 廿六					

10月
日	一	二	三	四	五	六
		1 廿七	2 廿八	3 廿九	4 三十	5 九月
6 初二	7 初三	8 寒露	9 初五	10 初六	11 初七	12 初八
13 初九	14 初十	15 十一	16 十二	17 十三	18 十四	19 十五
20 十六	21 十七	22 十八	23 霜降	24 二十	25 廿一	26 廿二
27 廿三	28 廿四	29 廿五	30 廿六	31 廿七		

11月
日	一	二	三	四	五	六
					1 廿八	2 廿九
3 十月	4 初二	5 初三	6 初四	7 立冬	8 初六	9 初七
10 初八	11 初九	12 初十	13 十一	14 十二	15 十三	16 十四
17 十五	18 十六	19 十七	20 十八	21 十九	22 小雪	23 廿一
24 廿二	25 廿三	26 廿四	27 廿五	28 廿六	29 廿七	30 廿八

12月
日	一	二	三	四	五	六
1 廿九	2 三十	3 十一月	4 初二	5 初三	6 初四	7 大雪
8 初六	9 初七	10 初八	11 初九	12 初十	13 十一	14 十二
15 十三	16 十四	17 十五	18 十六	19 十七	20 十八	21 十九
22 冬至	23 廿一	24 廿二	25 廿三	26 廿四	27 廿五	28 廿六
29 廿七	30 廿八	31 廿九				

2013
工作效率手册
The efficiency of manual

金盾出版社

2013 工作效率手册

靳一石 编

金盾出版社出版、总发行

北京太平路5号（地铁万寿路站往南）

邮政编码：100036 电话：68214039 83219215

传真：68276683 网址：www.jdcbs.cn

印刷：北京画中画印刷有限公司

装订：大亚装订厂

各地新华书店经销

开本：787×1092 1/48 印张：3.5 字数：80千字

2012年10月第1版第1次刷

印数：1～28000册

ISBN 978-7-5082-7745-5

定价：15.00元

（凡购买金盾出版社的图书，如有缺页、倒页、脱页者，本社发行部负责调换）

目录 contents

2013年历书

2013年工作计划

2013年工作日志 (1)

全国常用特种服务电话 (132)

全国主要城市长途电话区号及邮政编码（133）

北京市	133
天津市	133
河北省	133
山西省	134
内蒙古自治区	135
辽宁省	135
吉林省	136
黑龙江省	137
上海市	137
江苏省	138
浙江省	139
安徽省	139
福建省	140
江西省	140
山东省	141

河南省	142
湖北省	143
湖南省	144
广东省	144
广西壮族自治区	145
海南省	146
重庆市	146
四川省	147
贵州省	148
云南省	148
西藏自治区	149
陕西省	149
甘肃省	149
青海省	150
宁夏回族自治区	150
新疆维吾尔自治区	150
台港澳	151

通讯录　　　　　　　（152）
自我记录卡　　　　　（160）
2014年历书

2013年工作计划

2013年工作计划

2013年工作计划

2013年工作计划

1月

1 星期二
农历十一月二十

元　旦

2 星期三
农历十一月二十一

3 星期四
农历十一月二十二

工作日志 *Work log*

4 星期五
农历十一月二十三

5 星期六
农历十一月二十四　小寒

6 星期日
农历十一月二十五

1月

7 星期一
农历十一月二十六

8 星期二
农历十一月二十七

9 星期三
农历十一月二十八

工作日志 *Work log*

10 星期四
农历十一月二十九

---

11 星期五
农历十一月三十

---

12 星期六
农历十二月初一

1月

13 星期日
农历十二月初二

14 星期一
农历十二月初三

15 星期二
农历十二月初四

16 星期三
农历十二月初五

17 星期四
农历十二月初六

18 星期五
农历十二月初七

1月

19 星期六
农历十二月初八

20 星期日
农历十二月初九　大寒

21 星期一
农历十二月初十

22 星期二
农历十二月十一

23 星期三
农历十二月十二

24 星期四
农历十二月十三

1月

25 星期五
农历十二月十四

26 星期六
农历十二月十五

27 星期日
农历十二月十六

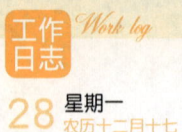

28 星期一
农历十二月十七

29 星期二
农历十二月十八

30 星期三
农历十二月十九

1月

31 星期四
农历十二月二十

本月要事摘记

1 星期五
农历十二月二十一

---

2 星期六
农历十二月二十二

---

3 星期日
农历十二月二十三

小　　年

2月

4 星期一
农历十二月二十四　立春

5 星期二
农历十二月二十五

6 星期三
农历十二月二十六

工作日志 *Work log*

7 星期四
农历十二月二十七

8 星期五
农历十二月二十八

9 星期六
农历十二月二十九
除　夕

2月

10 **星期日**
农历正月初一
春　节

11 **星期一**
农历正月初二

12 **星期二**
农历正月初三

13 星期三
农历正月初四

14 星期四
农历正月初五

15 星期五
农历正月初六

2月

16 星期六
农历正月初七

17 星期日
农历正月初八

18 星期一
农历正月初九　雨水

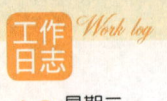

19 星期二
农历正月初十

20 星期三
农历正月十一

21 星期四
农历正月十二

2月

22 星期五
农历正月十三

23 星期六
农历正月十四

24 星期日
农历正月十五
元宵节

25 星期一
农历正月十六

26 星期二
农历正月十七

27 星期三
农历正月十八

2月

28 星期四
农历正月十九

本月要事摘记

1 星期五
农历正月二十

2 星期六
农历正月二十一

3 星期日
农历正月二十二

3月

4 星期一
农历正月二十三

5 星期二
农历正月二十四　惊蛰

6 星期三
农历正月二十五

工作日志 *Work log*

7 星期四
农历正月二十六

8 星期五
农历正月二十七
国际劳动妇女节

9 星期六
农历正月二十八

3月

10 星期日
农历正月二十九

11 星期一
农历正月三十

12 星期二
农历二月初一

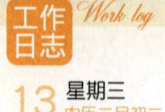

13 星期三
农历二月初二

14 星期四
农历二月初三

15 星期五
农历二月初四

3月

16 星期六
农历二月初五

17 星期日
农历二月初六

18 星期一
农历二月初七

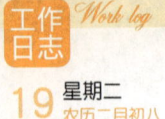

19 星期二
农历二月初八

---

20 星期三
农历二月初九　春分

---

21 星期四
农历二月初十

3月

22 星期五
农历二月十一

23 星期六
农历二月十二

24 星期日
农历二月十三

25 星期一
农历二月十四

---

26 星期二
农历二月十五

---

27 星期三
农历二月十六

3月

28 星期四
农历二月十七

29 星期五
农历二月十八

30 星期六
农历二月十九

工作日志 Work log

31 星期日
农历二月二十

本月要事摘记

4月

1 星期一
农历二月二十一

2 星期二
农历二月二十二

3 星期三
农历二月二十三

4 星期四
农历二月二十四　清明

清明节

---

5 星期五
农历二月二十五

---

6 星期六
农历二月二十六

4月

7 星期日
农历二月二十七

8 星期一
农历二月二十八

9 星期二
农历二月二十九

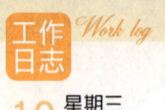

10 星期三
农历三月初一

11 星期四
农历三月初二

12 星期五
农历三月初三

4月

13 星期六
农历三月初四

14 星期日
农历三月初五

15 星期一
农历三月初六

16 星期二
农历三月初七

17 星期三
农历三月初八

18 星期四
农历三月初九

4月

19 星期五
农历三月初十

20 星期六
农历三月十一　谷雨

21 星期日
农历三月十二

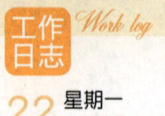

22 星期一
农历三月十三

23 星期二
农历三月十四

24 星期三
农历三月十五

4月

25 星期四
农历三月十六

26 星期五
农历三月十七

27 星期六
农历三月十八

28 星期日
农历三月十九

29 星期一
农历三月二十

30 星期二
农历三月二十一

4月

本月要事摘记

1 星期三
农历三月二十二
国际劳动节

2 星期四
农历三月二十三

3 星期五
农历三月二十四

5月

4 星期六
农历三月二十五
中国青年节

5 星期日
农历三月二十六　立夏

6 星期一
农历三月二十七

7 星期二
农历三月二十八

8 星期三
农历三月二十九

9 星期四
农历三月三十

5月

10 星期五
农历四月初一

11 星期六
农历四月初二

12 星期日
农历四月初三

13 星期一
农历四月初四

14 星期二
农历四月初五

15 星期三
农历四月初六

5月

16 星期四
农历四月初七

17 星期五
农历四月初八

18 星期六
农历四月初九

19 星期日
农历四月初十

20 星期一
农历四月十一

21 星期二
农历四月十二 小满

5月

22 星期三
农历四月十三

23 星期四
农历四月十四

24 星期五
农历四月十五

工作日志 *Work log*

25 星期六
农历四月十六

---

26 星期日
农历四月十七

---

27 星期一
农历四月十八

5月

28 星期二
农历四月十九

29 星期三
农历四月二十

30 星期四
农历四月二十一

工作日志 *Work log*

31 星期五
农历四月二十二

本月要事摘记

6月

1 星期六
农历四月二十三
国际儿童节

2 星期日
农历四月二十四

3 星期一
农历四月二十五

工作日志 *Work log*

4 星期二
农历四月二十六

---

5 星期三
农历四月二十七　芒种

---

6 星期四
农历四月二十八

6月

7 星期五
农历四月二十九

8 星期六
农历五月初一

9 星期日
农历五月初二

10 星期一
农历五月初三

11 星期二
农历五月初四

12 星期三
农历五月初五
端午节

6月

13 星期四
农历五月初六

14 星期五
农历五月初七

15 星期六
农历五月初八

16 星期日
农历五月初九

17 星期一
农历五月初十

18 星期二
农历五月十一

6月

19 星期三
农历五月十二

20 星期四
农历五月十三

21 星期五
农历五月十四　夏至

22 星期六
农历五月十五

23 星期日
农历五月十六

24 星期一
农历五月十七

6月

25 星期二
农历五月十八

26 星期三
农历五月十九

27 星期四
农历五月二十

28 星期五
农历五月二十一

29 星期六
农历五月二十二

30 星期日
农历五月二十三

6月

本月要事摘记

工作日志 Work log

1 星期一
农历五月二十四

中国共产党成立纪念日
香港回归纪念日

2 星期二
农历五月二十五

3 星期三
农历五月二十六

7月

4 星期四
农历五月二十七

5 星期五
农历五月二十八

6 星期六
农历五月二十九

7 星期日
农历五月三十　小暑

8 星期一
农历六月初一

9 星期二
农历六月初二

7月

10 星期三
农历六月初三

11 星期四
农历六月初四

12 星期五
农历六月初五

13 星期六
农历六月初六

14 星期日
农历六月初七

15 星期一
农历六月初八

7月

16 星期二
农历六月初九

17 星期三
农历六月初十

18 星期四
农历六月十一

工作日志 Work log

19 星期五
农历六月十二

20 星期六
农历六月十三

21 星期日
农历六月十四

7月

22 星期一
农历六月十五　大暑

23 星期二
农历六月十六

24 星期三
农历六月十七

工作日志 *Work log*

25 星期四
农历六月十八

---

26 星期五
农历六月十九

---

27 星期六
农历六月二十

7月

28 星期日
农历六月二十一

29 星期一
农历六月二十二

30 星期二
农历六月二十三

31 星期三
农历六月二十四

本月要事摘记

8月

1 星期四
农历六月二十五
中国人民解放军建军节

2 星期五
农历六月二十六

3 星期六
农历六月二十七

4 星期日
农历六月二十八

5 星期一
农历六月二十九

6 星期二
农历六月三十

8月

7 星期三
农历七月初一　立秋

8 星期四
农历七月初二

9 星期五
农历七月初三

10 星期六
农历七月初四

11 星期日
农历七月初五

12 星期一
农历七月初六

8月

13 星期二
农历七月初七

14 星期三
农历七月初八

15 星期四
农历七月初九

16 星期五
农历七月初十

17 星期六
农历七月十一

18 星期日
农历七月十二

8月

19 星期一
农历七月十三

20 星期二
农历七月十四

21 星期三
农历七月十五

工作日志 *Work log*

22 星期四
农历七月十六

23 星期五
农历七月十七　处暑

24 星期六
农历七月十八

8月

25 星期日
农历七月十九

26 星期一
农历七月二十

27 星期二
农历七月二十一

28 星期三
农历七月二十二

29 星期四
农历七月二十三

30 星期五
农历七月二十四

8月

31 星期六
农历七月二十五

本月要事摘记

1 星期日
农历七月二十六

---

2 星期一
农历七月二十七

---

3 星期二
农历七月二十八

9月

4 星期三
农历七月二十九

5 星期四
农历八月初一

6 星期五
农历八月初二

7 星期六
农历八月初三　白露

8 星期日
农历八月初四

9 星期一
农历八月初五

9月

10 星期二
农历八月初六
中国教师节

11 星期三
农历八月初七

12 星期四
农历八月初八

工作日志 Work log

13 星期五
农历八月初九

14 星期六
农历八月初十

15 星期日
农历八月十一

9月

16 星期一
农历八月十二

17 星期二
农历八月十三

18 星期三
农历八月十四

19 星期四
农历八月十五
中秋节

20 星期五
农历八月十六

21 星期六
农历八月十七

9月

22 星期日
农历八月十八

23 星期一
农历八月十九　秋分

24 星期二
农历八月二十

25 星期三
农历八月二十一

26 星期四
农历八月二十二

27 星期五
农历八月二十三

9月

28 星期六
农历八月二十四

29 星期日
农历八月二十五

30 星期一
农历八月二十六

本月要事摘记

10月

1 星期二
农历八月二十七
国庆节

2 星期三
农历八月二十八

3 星期四
农历八月二十九

4 星期五
农历八月三十

5 星期六
农历九月初一

6 星期日
农历九月初二

10月

7 星期一
农历九月初三

8 星期二
农历九月初四　寒露

9 星期三
农历九月初五

10 星期四
农历九月初六

11 星期五
农历九月初七

12 星期六
农历九月初八

10月

13 星期日
农历九月初九

14 星期一
农历九月初十

15 星期二
农历九月十一

16 星期三
农历九月十二

17 星期四
农历九月十三

18 星期五
农历九月十四

10月

19 星期六
农历九月十五

20 星期日
农历九月十六

21 星期一
农历九月十七

22 星期二
农历九月十八

23 星期三
农历九月十九　霜降

24 星期四
农历九月二十

10月

25 星期五
农历九月二十一

26 星期六
农历九月二十二

27 星期日
农历九月二十三

工作日志 *Work log*

28 星期一
农历九月二十四

---

29 星期二
农历九月二十五

---

30 星期三
农历九月二十六

31 星期四
农历九月二十七

本月要事摘记

1 星期五
农历九月二十八

2 星期六
农历九月二十九

3 星期日
农历十月初一

11月

4 星期一
农历十月初二

5 星期二
农历十月初三

6 星期三
农历十月初四

7 星期四
农历十月初五　立冬

8 星期五
农历十月初六

9 星期六
农历十月初七

11月

10 星期日
农历十月初八

11 星期一
农历十月初九

12 星期二
农历十月初十

13 星期三
农历十月十一

14 星期四
农历十月十二

15 星期五
农历十月十三

11月

16 星期六
农历十月十四

17 星期日
农历十月十五

18 星期一
农历十月十六

19 星期二
农历十月十七

20 星期三
农历十月十八

21 星期四
农历十月十九

11月

22 星期五
农历十月二十　小雪

23 星期六
农历十月二十一

24 星期日
农历十月二十二

25 星期一
农历十月二十三

26 星期二
农历十月二十四

27 星期三
农历十月二十五

11月

28 星期四
农历十月二十六

29 星期五
农历十月二十七

30 星期六
农历十月二十八

本月要事摘记

12月

1 星期日
农历十月二十九

2 星期一
农历十月三十

3 星期二
农历十一月初一

4 星期三
农历十一月初二

5 星期四
农历十一月初三

6 星期五
农历十一月初四

12月

7 星期六
农历十一月初五　大雪

8 星期日
农历十一月初六

9 星期一
农历十一月初七

10 星期二
农历十一月初八

11 星期三
农历十一月初九

12 星期四
农历十一月初十

12月

13 星期五
农历十一月十一

14 星期六
农历十一月十二

15 星期日
农历十一月十三

工作日志 *Work log*

16 星期一
农历十一月十四

17 星期二
农历十一月十五

18 星期三
农历十一月十六

12月

19 星期四
农历十一月十七

20 星期五
农历十一月十八

21 星期六
农历十一月十九

22 星期日
农历十一月二十　冬至

23 星期一
农历十一月二十一

24 星期二
农历十一月二十二

12月

25 星期三
农历十一月二十三

26 星期四
农历十一月二十四

27 星期五
农历十一月二十五

28 星期六
农历十一月二十六

29 星期日
农历十一月二十七

30 星期一
农历十一月二十八

12月

31 星期二
农历十一月二十九

本月要事摘记

全国常用特种服务电话

匪警	110
火警	119
医疗急救中心	120/999
道路交通事故报警台	122
电话报修台	112
电话号码查询	114
报时台	12117
天气预报台	12121
计算机互联网CHINANET拨号入网	163
国内话费查询	170
国内长途话费查询	176
邮政编码查询	184
邮政速递业务查询	185
固定电话交费	188
电信投诉中心	180
消费者维权投诉	12315
司法服务	12348
环保投诉	12369

全国主要城市长途电话区号及邮政编码

北京市

地名	区号	邮编
东城区	010	100010
西城区	010	100032
朝阳区	010	100020
丰台区	010	100071
石景山区	010	100043
海淀区	010	100089
门头沟区	010	102300
房山区	010	102488
通州区	010	101149
顺义区	010	101300
昌平区	010	102200
大兴区	010	102600
怀柔区	010	101400
平谷区	010	101200
密云县	010	101500
延庆县	010	102100

天津市

地名	区号	邮编
和平区	022	300041
河东区	022	300171
河西区	022	300202
南开区	022	300110
河北区	022	300143
红桥区	022	300131
东丽区	022	300300
西青区	022	300380
津南区	022	300350
北辰区	022	300400
武清区	022	301700
宝坻区	022	301800
滨海新区	022	300451
蓟县	022	301900
宁河县	022	301500
静海县	022	301600

河北省

地名	区号	邮编
石家庄市	0311	050011
辛集市	0311	052360
藁城市	0311	052160
晋州市	0311	052260

地名	区号	邮编	地名	区号	邮编
新乐市	0311	050700	沙河市	0319	054100
鹿泉市	0311	050200	邯郸市	0310	056002
张家口市	0313	075000	武安市	0310	056300
承德市	0314	067000			
秦皇岛市	0335	066000	**山西省**		
唐山市	0315	063000	地名	区号	邮编
廊坊市	0316	065000	太原市	0351	030082
霸州市	0316	065700	古交市	0351	030200
三河市	0316	065200	大同市	0352	037008
保定市	0312	071052	朔州市	0349	038500
定州市	0312	073000	阳泉市	0353	045000
涿州市	0312	072750	长治市	0355	046000
安国市	0312	071200	潞城市	0355	047500
高碑店市	0312	074000	晋城市	0356	048000
沧州市	0317	061001	高平市	0356	048400
泊头市	0317	062150	忻州市	0350	034000
任丘市	0317	062550	原平市	0350	034100
黄骅市	0317	061100	晋中市	0354	030600
河间市	0317	062450	介休市	0354	032000
衡水市	0318	053000	临汾市	0357	041000
冀州市	0318	053200	侯马市	0357	043007
深州市	0318	053800	霍州市	0357	031400
邢台市	0319	054001	运城市	0359	044000
南宫市	0319	055750	永济市	0359	044500

地名	区号	邮编
河津市	0359	043300
吕梁市	0358	033000
孝义市	0358	032300
汾阳市	0358	032200

内蒙古自治区

地名	区号	邮编
呼和浩特市	0471	010000
包头市	0472	014025
乌海市	0473	016000
赤峰市	0476	024000
通辽市	0475	028000
霍林郭勒市	0475	029200
呼伦贝尔市	0470	021008
满洲里市	0470	021400
扎兰屯市	0470	162650
牙克石市	0470	022150
根河市	0470	022350
额尔古纳市	0470	022250
鄂尔多斯市	0477	017004
乌兰察布市	0474	012000
丰镇市	0474	012100
巴彦淖尔市	0478	015001
兴安盟	0482	137401
乌兰浩特市	0482	137401
阿尔山市	0482	137800
锡林郭勒盟	0479	026000
锡林浩特市	0479	026021
二连浩特市	0479	011100
阿拉善盟	0483	750306

辽宁省

地名	区号	邮编
沈阳市	024	110013
新民市	024	110300
朝阳市	0421	122000
北票市	0421	122100
凌源市	0421	122500
阜新市	0418	123000
铁岭市	0410	112000
调兵山市	0410	112700
开原市	0410	112300
抚顺市	0413	113008
本溪市	0414	117000
辽阳市	0419	111000
灯塔市	0419	111300
鞍山市	0412	114001
海城市	0412	114200

地名	区号	邮编
丹东市	0415	118000
凤城市	0415	118100
东港市	0415	118300
大连市	0411	116011
瓦房店市	0411	116300
普兰店市	0411	116200
庄河市	0411	116400
营口市	0417	115003
大石桥市	0417	115100
盖州市	0417	115200
盘锦市	0427	124010
锦州市	0416	121000
凌海市	0416	121200
北镇市	0416	121300
葫芦岛市	0429	125000
兴城市	0429	125100

吉林省

地名	区号	邮编
长春市	0431	130022
德惠市	0431	130300
九台市	0431	130500
榆树市	0431	130400
白城市	0436	137000
大安市	0436	131300
洮南市	0436	137100
松原市	0438	138000
吉林市	0432	132011
磐石市	0432	132300
蛟河市	0432	132500
桦甸市	0432	132400
舒兰市	0432	132600
四平市	0434	136000
双辽市	0434	136400
公主岭市	0434	136100
辽源市	0437	136200
通化市	0435	134001
梅河口市	0435	135000
集安市	0435	134200
白山市	0439	134300
临江市	0439	134600
延吉市	0433	133000
图们市	0433	133100
敦化市	0433	133700
珲春市	0433	133300
龙井市	0433	133400
和龙市	0433	133500

黑龙江省

地名	区号	邮编
哈尔滨市	0451	150010
双城市	0451	150100
尚志市	0451	150600
五常市	0451	150200
齐齐哈尔市	0452	161005
讷河市	0452	161300
黑河市	0456	164300
北安市	0456	164000
五大连池市	0456	164100
大庆市	0459	163311
伊春市	0458	153000
铁力市	0458	152500
鹤岗市	0468	154100
佳木斯市	0454	154002
同江市	0454	156400
富锦市	0454	156100
双鸭山市	0469	155100
七台河市	0464	154600
鸡西市	0467	158100
虎林市	0467	158400
密山市	0467	158300
牡丹江市	0453	157000
穆棱市	0453	157500
绥芬河市	0453	157300
海林市	0453	157100
宁安市	0453	157400
绥化市	0455	152000
安达市	0455	151400
肇东市	0455	151100
海伦市	0455	152300
大兴安岭地区	0457	165000

上海市

地名	区号	邮编
黄浦区	021	200001
徐汇区	021	200030
长宁区	021	200050
静安区	021	200040
普陀区	021	200333
闸北区	021	200070
虹口区	021	200086
杨浦区	021	200082
闵行区	021	201100
宝山区	021	201900
嘉定区	021	201800
浦东新区	021	200135

地名	区号	邮编
金山区	021	200540
松江区	021	201600
青浦区	021	201700
奉贤区	021	201400
崇明县	021	202150

江苏省

地名	区号	邮编
南京市	025	210008
徐州市	0516	221003
邳州市	0516	221300
新沂市	0516	221400
连云港市	0518	222002
宿迁市	0527	223800
淮安市	0517	223001
盐城市	0515	224005
东台市	0515	224200
大丰市	0515	224100
扬州市	0514	225002
仪征市	0514	211400
高邮市	0514	225600
泰州市	0523	225300
靖江市	0523	214500
泰兴市	0523	225400
姜堰市	0523	225500
兴化市	0523	225700
南通市	0513	226001
海门市	0513	226100
启东市	0513	226200
如皋市	0513	226500
镇江市	0511	212001
扬中市	0511	212200
丹阳市	0511	212300
句容市	0511	212400
常州市	0519	213003
金坛市	0519	213200
溧阳市	0519	213300
无锡市	0510	214001
江阴市	0510	214400
宜兴市	0510	214200
苏州市	0512	215002
吴江市	0512	215200
昆山市	0512	215300
太仓市	0512	215400
常熟市	0512	215500
张家港市	0512	215600

浙江省

地名	区号	邮编
杭州市	0571	310026
临安市	0571	311300
富阳市	0571	311400
建德市	0571	311600
湖州市	0572	313000
嘉兴市	0573	314000
平湖市	0573	314200
海宁市	0573	314400
桐乡市	0573	314500
舟山市	0580	316000
宁波市	0574	315000
慈溪市	0574	315300
余姚市	0574	315400
奉化市	0574	315500
绍兴市	0575	312000
诸暨市	0575	311800
上虞市	0575	312300
嵊州市	0575	312400
衢州市	0570	324002
江山市	0570	324100
金华市	0579	321000
兰溪市	0579	321100
永康市	0579	321300
义乌市	0579	322000
东阳市	0579	322100
台州市	0576	318000
临海市	0576	317000
温岭市	0576	317500
温州市	0577	325000
瑞安市	0577	325200
乐清市	0577	325600
丽水市	0578	323000
龙泉市	0578	323700

安徽省

地名	区号	邮编
合肥市	0551	230001
巢湖市	0565	238000
宿州市	0557	234000
淮北市	0561	235000
阜阳市	0558	236033
界首市	0558	236500
亳州市	0558	236802
蚌埠市	0552	233000
淮南市	0554	232001
滁州市	0550	239000

地名	区号	邮编
明光市	0550	239400
天长市	0550	239300
马鞍山市	0555	243001
芜湖市	0553	241000
铜陵市	0562	244000
安庆市	0556	246001
桐城市	0556	231400
黄山市	0559	245000
六安市	0564	237000
池州市	0566	247100
宣城市	0563	242000
宁国市	0563	242300

福建省

地名	区号	邮编
福州市	0591	350001
福清市	0591	350300
长乐市	0591	350200
南平市	0599	353000
邵武市	0599	354000
武夷山市	0599	354300
建瓯市	0599	353100
建阳市	0599	354200
三明市	0598	365000
永安市	0598	366000
莆田市	0594	351100
泉州市	0595	362000
石狮市	0595	362700
晋江市	0595	362200
南安市	0595	362300
厦门市	0592	361003
漳州市	0596	363000
龙海市	0596	363100
龙岩市	0597	364000
漳平市	0597	364400
宁德市	0593	352100
福安市	0593	355000
福鼎市	0593	355200

江西省

地名	区号	邮编
南昌市	0791	330008
九江市	0792	332000
瑞昌市	0792	332200
共青城市	0792	332020
景德镇市	0798	333000
乐平市	0798	333300
鹰潭市	0701	335000

地名	区号	邮编
贵溪市	0701	335400
新余市	0790	338025
萍乡市	0799	337000
赣州市	0797	341000
瑞金市	0797	342500
南康市	0797	341400
上饶市	0793	334000
德兴市	0793	334200
抚州市	0794	344000
宜春市	0795	336000
丰城市	0795	331100
樟树市	0795	331200
高安市	0795	330800
吉安市	0796	343000
井冈山市	0796	343600

山东省

地名	区号	邮编
济南市	0531	250001
章丘市	0531	250200
聊城市	0635	252052
临清市	0635	252600
德州市	0534	253012
乐陵市	0534	253600
禹城市	0534	251200
东营市	0546	257093
淄博市	0533	255039
潍坊市	0536	261041
安丘市	0536	262100
昌邑市	0536	261300
高密市	0536	261500
青州市	0536	262500
诸城市	0536	262200
寿光市	0536	262700
烟台市	0535	264010
栖霞市	0535	265300
海阳市	0535	265100
龙口市	0535	265700
莱阳市	0535	265200
莱州市	0535	261400
蓬莱市	0535	265600
招远市	0535	265400
威海市	0631	264200
荣成市	0631	264300
乳山市	0631	264500
文登市	0631	264400
青岛市	0532	266001
胶州市	0532	266300

地名	区号	邮编
即墨市	0532	266200
平度市	0532	266700
胶南市	0532	266400
莱西市	0532	266600
日照市	0633	276800
临沂市	0539	276001
枣庄市	0632	277101
滕州市	0632	277500
济宁市	0537	272119
曲阜市	0537	273100
兖州市	0537	272000
邹城市	0537	273500
泰安市	0538	271000
新泰市	0538	271200
肥城市	0538	271600
莱芜市	0634	271100
滨州市	0543	256619
菏泽市	0530	274020

河南省

地名	区号	邮编
郑州市	0371	450000
新郑市	0371	451100
登封市	0371	452470
新密市	0371	452300
巩义市	0371	451200
荥阳市	0371	450100
三门峡市	0398	472000
义马市	0398	472300
灵宝市	0398	472500
洛阳市	0379	471000
偃师市	0379	471900
焦作市	0391	454002
孟州市	0391	454750
沁阳市	0391	454550
新乡市	0373	453000
卫辉市	0373	453100
辉县市	0373	453600
鹤壁市	0392	458030
安阳市	0372	455000
林州市	0372	456550
濮阳市	0393	457000
开封市	0378	475001
商丘市	0370	476000
永城市	0370	476600
许昌市	0374	461000
禹州市	0374	461670
长葛市	0374	461500

地名	区号	邮编
漯河市	0395	462000
平顶山市	0375	467000
舞钢市	0375	462500
汝州市	0375	467500
南阳市	0377	473002
邓州市	0377	474150
信阳市	0376	464000
周口市	0394	466000
项城市	0394	466200
驻马店市	0396	463000
济源市	0391	454650

湖北省

地名	区号	邮编
武汉市	027	430014
十堰市	0719	442000
丹江口市	0719	442700
襄阳市	0710	441021
老河口市	0710	441800
枣阳市	0710	441200
宜城市	0710	441400
荆门市	0724	448000
钟祥市	0724	431000
孝感市	0712	432100
应城市	0712	432400
安陆市	0712	432600
汉川市	0712	432300
黄冈市	0713	438000
麻城市	0713	438300
武穴市	0713	435400
鄂州市	0711	436000
黄石市	0714	435003
大冶市	0714	435100
咸宁市	0715	437000
赤壁市	0715	437300
荆州市	0716	434000
石首市	0716	434400
洪湖市	0716	433200
松滋市	0716	434200
宜昌市	0717	443000
枝江市	0717	443200
宜都市	0717	443300
当阳市	0717	444100
随州市	0722	441300
广水市	0722	432700
仙桃市	0728	433000
天门市	0728	431700
潜江市	0728	433100

地名	区号	邮编
恩施市	0718	445000
利川市	0718	445400

湖南省

地名	区号	邮编
长沙市	0731	410005
浏阳市	0731	410300
张家界市	0744	427000
常德市	0736	415000
津市市	0736	415400
益阳市	0737	413000
沅江市	0737	413100
岳阳市	0730	414000
汨罗市	0730	414400
临湘市	0730	414300
株洲市	0731	412000
醴陵市	0731	412200
湘潭市	0731	411100
湘乡市	0731	411400
韶山市	0731	411300
衡阳市	0734	421001
常宁市	0734	421500
耒阳市	0734	421800
郴州市	0735	423000
资兴市	0735	423400
永州市	0746	425000
邵阳市	0739	422000
武冈市	0739	422400
怀化市	0745	418000
洪江市	0745	418100
娄底市	0738	417000
冷水江市	0738	417500
涟源市	0738	417100
湘西土家族苗族自治州	0743	416000
吉首市	0743	416000

广东省

地名	区号	邮编
广州市	020	510032
增城市	020	511300
从化市	020	510900
清远市	0763	511500
英德市	0763	513000
连州市	0763	513400
韶关市	0751	512002
乐昌市	0751	512200
南雄市	0751	512400

地名	区号	邮编	地名	区号	邮编
河源市	0762	517000	罗定市	0766	527200
梅州市	0753	514021	阳江市	0662	529500
兴宁市	0753	514500	阳春市	0662	529600
潮州市	0768	521000	茂名市	0668	525000
汕头市	0754	515041	化州市	0668	525100
揭阳市	0663	522000	信宜市	0668	525300
普宁市	0663	515300	高州市	0668	525200
汕尾市	0660	516600	湛江市	0759	524047
陆丰市	0660	516500	吴川市	0759	524500
惠州市	0752	516000	廉江市	0759	524400
东莞市	0769	523888	雷州市	0759	524200
深圳市	0755	518035			
珠海市	0756	519000			

广西壮族自治区

地名	区号	邮编
中山市	0760	528403			
江门市	0750	529000	南宁市	0771	530028
恩平市	0750	529400	桂林市	0773	541001
台山市	0750	529200	柳州市	0772	545001
开平市	0750	529337	梧州市	0774	543002
鹤山市	0750	529700	岑溪市	0774	543200
佛山市	0757	528000	贵港市	0775	537100
肇庆市	0758	526040	桂平市	0775	537200
高要市	0758	526100	玉林市	0775	537000
四会市	0758	526200	北流市	0775	537400
云浮市	0766	527300	钦州市	0777	535000

地名	区号	邮编
北海市	0779	536000
防城港市	0770	538001
东兴市	0770	538100
崇左市	0771	532200
凭祥市	0771	532600
百色市	0776	533000
河池市	0778	547000
宜州市	0778	546300
来宾市	0772	546100
合山市	0772	546500
贺州市	0774	542800

海南省

地名	区号	邮编
海口市	0898	570000
三亚市	0898	572000
文昌市	0898	571339
琼海市	0898	571400
万宁市	0898	571500
五指山市	0898	572200
东方市	0898	572600
儋州市	0898	571700

重庆市

地名	区号	邮编
渝中区	023	400010
大渡口区	023	400080
江北区	023	400020
沙坪坝区	023	400030
九龙坡区	023	400050
南岸区	023	400064
北碚区	023	400700
綦江区	023	400800
大足区	023	400900
渝北区	023	401120
巴南区	023	401320
万州区	023	404000
涪陵区	023	408000
黔江区	023	409700
长寿区	023	401220
江津区	023	402260
合川区	023	401520
永川区	023	402160
南川区	023	408400
潼南县	023	402660
铜梁县	023	402560
荣昌县	023	402460

地名	区号	邮编	地名	区号	邮编
璧山县	023	402760	都江堰市	028	611830
垫江县	023	408300	彭州市	028	611930
武隆县	023	408500	邛崃市	028	611530
丰都县	023	408200	崇州南	028	611230
城口县	023	405900	广元市	0839	628000
梁平县	023	405200	绵阳市	0816	621000
开　县	023	405400	江油市	0816	621700
巫溪县	023	405800	德阳市	0838	618000
巫山县	023	404700	什邡市	0838	618400
奉节县	023	404600	广汉市	0838	618300
云阳县	023	404500	绵竹市	0838	618200
忠　县	023	404300	南充市	0817	637000
石柱土家族自治县	023	409100	阆中市	0817	637400
彭水苗族土家族自治县	023	409600	广安市	0826	638000
			华蓥市	0826	638600
酉阳土家族苗族自治县	023	409800	遂宁市	0825	629000
			内江市	0832	641000
秀山土家族苗族自治县	023	409900	乐山市	0833	614000
			峨眉山市	0833	614200
			自贡市	0813	643000
			泸州市	0830	646000

四川省

地名	区号	邮编
成都市	028	610015
宜宾市	0831	644000
攀枝花市	0812	617000
巴中市	0827	636000

地名	区号	邮编
达州市	0818	635000
万源市	0818	636350
资阳市	028	641300
简阳市	028	641400
眉山市	028	620020
雅安市	0835	625000
阿坝藏族羌族自治州	0837	624000
甘孜藏族自治州	0836	626000
凉山彝族自治州	0834	615000
西昌市	0834	615000

贵州省

地名	区号	邮编
贵阳市	0851	550001
清镇市	0851	551400
六盘水市	0858	553400
遵义市	0852	563000
赤水市	0852	564700
仁怀市	0852	564500
安顺市	0853	561000
毕节市	0857	551700
铜仁市	0856	554300
凯里市	0855	556000
都匀市	0854	558000
福泉市	0854	550500
兴义市	0859	562400

云南省

地名	区号	邮编
昆明市	0871	650500
安宁市	0871	650300
曲靖市	0874	655000
宣威市	0874	655400
玉溪市	0877	653100
保山市	0875	678000
昭通市	0870	657000
丽江市	0888	674100
普洱市	0879	665000
临沧市	0883	677000
芒市	0692	678400
瑞丽市	0692	678600
怒江傈僳族自治州	0886	673100
迪庆藏族自治州	0887	674400

地名	区号	邮编
大理市	0872	671000
楚雄市	0878	675000
蒙自市	0873	661101
个旧市	0873	661000
开远市	0873	661600
文山市	0876	663000
景洪市	0691	666100

西藏自治区

地名	区号	邮编
拉萨市	0891	850000
那曲地区	0896	852000
昌都地区	0895	854000
林芝地区	0894	850400
山南地区	0893	856000
日喀则市	0892	857000
阿里地区	0897	859000

陕西省

地名	区号	邮编
西安市	029	710003
延安市	0911	716000
铜川市	0919	727100
渭南市	0913	714000
华阴市	0913	714200
韩城市	0913	715400
咸阳市	029	712000
兴平市	029	713100
宝鸡市	0917	721000
汉中市	0916	723000
榆林市	0912	719000
安康市	0915	725000
商洛市	0914	726000

甘肃省

地名	区号	邮编
兰州市	0931	730030
嘉峪关市	0937	735100
金昌市	0935	737100
白银市	0943	730900
天水市	0938	741000
武威市	0935	733000
酒泉市	0937	735000
玉门市	0937	735200
敦煌市	0937	736200
张掖市	0936	734000
庆阳市	0934	745000
平凉市	0933	744000
定西市	0932	743000

地名	区号	邮编
陇南市	0939	746000
临夏市	0930	731100
合作市	0941	747000

青海省

地名	区号	邮编
西宁市	0971	810000
海东地区	0972	810600
海北藏族自治州	0970	812200
海南藏族自治州	0974	813000
黄南藏族自治州	0973	811300
果洛藏族自治州	0975	814000
玉树藏族自治州	0976	815000
德令哈市	0977	817000
格尔木市	0979	816000

宁夏回族自治区

地名	区号	邮编
银川市	0951	750004
灵武市	0951	750004
石嘴山市	0952	753000
吴忠市	0953	751100
青铜峡市	0953	751600
固原市	0954	756000
中卫市	0955	751700

新疆维吾尔自治区

地名	区号	邮编
乌鲁木齐市	0991	830002
克拉玛依市	0990	834000
石河子市	0993	832000
阿拉尔市	0997	843300
图木舒克市	0998	843806
五家渠市	0994	831300
北屯市	0906	836000
喀什市	0998	844000

地名	区号	邮编
阿克苏市	0997	843000
和田市	0903	848000
吐鲁番市	0995	838000
哈密市	0902	839000
阿图什市	0908	845350
博乐市	0909	833400
昌吉市	0994	831100
阜康市	0994	831500
库尔勒市	0996	841000
伊宁市	0999	835000
奎屯市	0992	833200
塔城市	0901	834700
乌苏市	0992	833000
阿勒泰市	0906	836500

台港澳

地名	区号	邮编
香港特别行政区	00852	略
澳门特别行政区	00853	略
台湾省	资料暂缺	

注：以上资料以2012年3月的出版物为准，以后如有变动，以公布的资料为准。

通讯录 ADDRESS BOOK

姓名: _____ 电话: _____
单位: _____
邮编: _____ 手机: _____
E-mail: _____

姓名: _____ 电话: _____
单位: _____
邮编: _____ 手机: _____
E-mail: _____

姓名: _____ 电话: _____
单位: _____
邮编: _____ 手机: _____
E-mail: _____

姓名: _____ 电话: _____
单位: _____
邮编: _____ 手机: _____
E-mail: _____

通讯录 ADDRESS BOOK

姓名: _____ 电话: _____
单位: _____
邮编: _____ 手机: _____
E-mail: _____

姓名: _____ 电话: _____
单位: _____
邮编: _____ 手机: _____
E-mail: _____

姓名: _____ 电话: _____
单位: _____
邮编: _____ 手机: _____
E-mail: _____

姓名: _____ 电话: _____
单位: _____
邮编: _____ 手机: _____
E-mail: _____

通讯录 ADDRESS BOOK

姓名: _____ 电话: _____
单位: _____
邮编: _____ 手机: _____
E-mail: _____

姓名: _____ 电话: _____
单位: _____
邮编: _____ 手机: _____
E-mail: _____

姓名: _____ 电话: _____
单位: _____
邮编: _____ 手机: _____
E-mail: _____

姓名: _____ 电话: _____
单位: _____
邮编: _____ 手机: _____
E-mail: _____

通讯录 ADDRESS BOOK

姓名: _____ 电话: _____
单位: _____
邮编: _____ 手机: _____
E-mail: _____

姓名: _____ 电话: _____
单位: _____
邮编: _____ 手机: _____
E-mail: _____

姓名: _____ 电话: _____
单位: _____
邮编: _____ 手机: _____
E-mail: _____

姓名: _____ 电话: _____
单位: _____
邮编: _____ 手机: _____
E-mail: _____

通讯录 ADDRESS BOOK

姓名: _____ 电话: _____
单位: _____
邮编: _____ 手机: _____
E-mail: _____

姓名: _____ 电话: _____
单位: _____
邮编: _____ 手机: _____
E-mail: _____

姓名: _____ 电话: _____
单位: _____
邮编: _____ 手机: _____
E-mail: _____

姓名: _____ 电话: _____
单位: _____
邮编: _____ 手机: _____
E-mail: _____

通讯录 ADDRESS BOOK

姓名: _____ 电话: _____
单位: _____
邮编: _____ 手机: _____
E-mail: _____

姓名: _____ 电话: _____
单位: _____
邮编: _____ 手机: _____
E-mail: _____

姓名: _____ 电话: _____
单位: _____
邮编: _____ 手机: _____
E-mail: _____

姓名: _____ 电话: _____
单位: _____
邮编: _____ 手机: _____
E-mail: _____

通讯录 ADDRESS BOOK

姓名：_____ 电话：_____
单位：_____
邮编：_____ 手机：_____
E-mail：_____

姓名：_____ 电话：_____
单位：_____
邮编：_____ 手机：_____
E-mail：_____

姓名：_____ 电话：_____
单位：_____
邮编：_____ 手机：_____
E-mail：_____

姓名：_____ 电话：_____
单位：_____
邮编：_____ 手机：_____
E-mail：_____

通讯录 ADDRESS BOOK

姓名: _____ 电话: _____
单位: _____
邮编: _____ 手机: _____
E-mail: _____

姓名: _____ 电话: _____
单位: _____
邮编: _____ 手机: _____
E-mail: _____

姓名: _____ 电话: _____
单位: _____
邮编: _____ 手机: _____
E-mail: _____

姓名: _____ 电话: _____
单位: _____
邮编: _____ 手机: _____
E-mail: _____

自我记录卡

姓名：_____

工作单位：_____

家庭住址：_____

电话：_____

邮政编码：_____

E-mail：_____

手机：_____

QQ号码：_____

身份证号码：_____

血型：_____

药物过敏史：_____

2014年 甲午 马年 1月31日始 闰九月

ISBN 978-7-5082-7745-5
定价:15.00元